AF589818

DE LA RAGE

CHEZ

LE CHIEN

ET DES

MESURES PRÉSERVATRICES

PAR

LE DOCTEUR H. BLATIN

Chevalier de la Légion d'honneur,
Vice-Président de la Société protectrice des animaux,
Membre titulaire de la Commission d'hygiène du 6e arrondissement,
des Sociétés médicale d'émulation et médico-chirurgicale de Paris,
Membre correspondant des Sociétés médicales de Bordeaux, Alger, Hambourg, etc.

PARIS

E. DENTU, LIBRAIRE-ÉDITEUR

PALAIS-ROYAL, GALERIE D'ORLÉANS, 13 ET 17

J.-B. BAILLIÈRE, RUE HAUTEFEUILLE, 19

1863

DE LA RAGE CHEZ LE CHIEN
ET DES MESURES PRÉSERVATRICES

I

Danger terrible et peu connu. — Physionomie du chien enragé. — Les enragés ne sont pas des *hydrophobes*. — Hurlement rabique. — Rage mue. — La fin du chien enragé.

Il n'est pas de maladie qui inspire plus d'épouvante et d'horreur que la rage : il n'en est pas non plus qui frappe ses victimes d'une mort plus affreuse et plus inévitable.

Elle naît spontanément chez le chien et le chat, de même que chez le loup et le renard. Par leur morsure et par d'autres moyens d'inoculation, ce mal contagieux peut se communiquer non-seulement à d'autres animaux, mais encore à l'homme.

S'il est vrai que l'on doive, d'après les recherches du docteur Lélut, porter à près de deux cents le nombre des malheureux auxquels, en France, les enragés de la race canine ont communiqué leur terrible maladie, en deux ou trois années, on comprendra l'importance de toutes les mesures capables de prévenir ou seulement d'atténuer de semblables malheurs.

L'animal le plus dévoué, le plus intelligent, le plus affectueux, celui qui, par sa compagnie fidèle, son obéissante familiarité, ses caresses expressives, anime nos demeures, où, selon la spirituelle expression de mon vénérable ami le marquis de Montcalm, il est vraiment *quelqu'un*, et non *quelque chose*; le chien, dit le pasteur Bodeker, a un droit égal à celui des enfants, dans la plupart des petites familles; il mange et dort avec eux; ils travaillent et jouent ensemble. Le docteur Fée a raison : Si le chien n'est pas le premier de nos animaux domestiques par la force, il l'est certainement par l'attachement sans bornes et désintéressé qu'il a pour nous.

Par malheur, cet hôte intime du foyer a le triste privilége de causer à lui seul, dans une effrayante proportion, le plus grand nombre des accidents rabiques. Les deux cent vingt-huit cas de rage humaine observés dans la période de 1850 à 1859, et relatés dans l'enquête du Comité consultatif d'hygiène publique, se décomposent de la manière suivante, quant à l'origine de la contagion :

Un est produit par la dent d'un renard;

Vingt-six par celle des loups;

Treize proviennent de la morsure des chats;

Cent quatre-vingt-huit de celle des chiens.

La multiplicité excessive de ces derniers (1), l'intimité dans laquelle ils vivent au milieu de nous, la contrainte, la séquestration que par mesure de prudence intempestive on leur impose, expliquent la fréquence de ces événements funestes, beaucoup

(1) C'est l'espèce carnassière la plus répandue sur la surface de la terre. Il n'y a pas de peuple sauvage, dit Darwin, qui n'ait son chien.

plus grande pour les chiens que pour les autres animaux.

Je m'occuperai donc spécialement, dans ce travail, de la rage canine ; et j'examinerai si, pour la prévenir, quelques moyens efficaces ne pourraient pas être proposés.

Mais d'abord, à quels signes reconnaît-on qu'un chien est dangereux ? Telle est la question que s'est posée un savant médecin vétérinaire, M. Sanson, en écrivant un livre intitulé : *Le meilleur préservatif de la rage, étude de la physionomie des chiens et des chats enragés.* Cet ouvrage que la Société protectrice a récompensé par une médaille d'argent, est précis, pratique, et doit être médité par tous ceux qu'intéresse la santé publique.

« Ne serait-il pas utile, disent les *Archives générales de médecine*, d'apprendre aux gens que les symptômes de la rage canine sont tout autres qu'ils ne les supposent ; puis de leur tracer le tableau exact des signes auxquels on peut la reconnaître presqu'à son début, par conséquent se mettre, en temps opportun, à l'abri des caresses aussi bien que des morsures d'un chien atteint de maladie ? Rien ne serait plus facile assurément pour des hommes spéciaux que de résumer, en quelques paragraphes, les notions les plus essentielles sur la matière ; et si, tous les ans, ces nouvelles instructions étaient publiées, à plusieurs reprises ; si, dans chaque commune, l'instituteur était tenu de les rappeler à ses élèves, enfants ou adultes ; en un mot, si tous les moyens de publicité étaient mis en usage, il n'est pas douteux que, dans l'espace de quelques années, on ne vit le nombre des cas de rage humaine diminuer dans une proportion considérable. »

Pour tout le monde, à peu d'exceptions près, le mot rage se rapporte à des phénomènes de fureur, à des actes de frénésie, qui, le plus souvent provoqués par des coups ou des menaces, excitent l'épouvante. On ne voit le danger que lorsqu'il est trop tard pour prendre les précautions capables de le prévenir.

Ce qu'il est surtout essentiel de connaître, c'est la physionomie de l'animal, dès les premières atteintes de la maladie, avant qu'il puisse communiquer à son maître un poison fatalement mortel. Il peut être enragé, quoiqu'il présente encore les apparences de la santé, qu'il obéisse et se montre caressant, même à l'excès. On a beaucoup d'exemples de personnes qui ont contracté l'affection rabique pour s'être laissé lécher les mains ou la figure : la plus petite écorchure a suffi pour absorber le virus (1).

« Ce n'est point, dit M. Jules Lecomte, dont j'abrége à regret la page imagée et fidèle, ce n'est point par le chien errant, sauvage, perdu, exaspéré, qu'on est mordu; celui-là on le traque, on l'abat. C'est votre chien favori, votre petit ami du foyer, votre hôte, votre commensal, qu'on lave et parfume... celui qui a une niche en damas grenat, avec des clous dorés, si même il ne niche pas sous votre édredon... c'est celui-là, ce bichon chéri et ce monstre

(1) On a vu souvent des chevaux gagner la maladie en cohabitant avec des chiens qui leur léchaient les naseaux.

terrible, qui tout à coup, et lorsque vous le caressez, vous mord à la lèvre, au doigt... et vous inocule une mort qui est de toutes la plus implacable et la plus horrible : une mort qui est cause qu'on vous fuit comme un chien même, et qui fait penser à vous étouffer entre deux matelas... »

Pour montrer où peut conduire la méconnaissance des premières manifestations du mal, M. Sanson cite le fait d'une dame qui vint à Alfort, tenant sur son sein un petit chien pour lequel elle voulait consulter les médecins de l'École vétérinaire, ayant cru remarquer quelque chose d'extraordinaire dans les allures de l'animal favori. Le matin même, en jouant, il avait mordu le pied d'une *personne*, que sa maîtresse ne désigna pas autrement. Le professeur, M. H. Bouley, avec l'expérience qui le caractérise, reconnut facilement que la bête était atteinte de la rage, dont elle mourut trois jours après. La dame demanda ce qu'il y aurait à faire pour prévenir les suites de la morsure dont elle avait parlé : on lui répondit nécessairement qu'une cautérisation très-profonde pouvait seule offrir des chances de succès. « Ce ne fut pas sans éprouver un sentiment bien pénible, que nous la vîmes tous ôter avec beaucoup de sang froid sa bottine, car la personne qui avait été mordue n'était autre qu'elle-même. La gravité de sa situation, à n'en point douter, lui fit supporter, sans la moindre émotion visible, la cautérisation au fer rouge de la piqûre presqu'imperceptible produite par la dent du petit chien. »

M. William Youatt, vétérinaire anglais, a, le premier, tracé d'une manière saisissante les symptômes du début de la rage, dans un livre sur le chien (*The Dog*), publié à Londres, en 1845, et traduit par M. Bouley. « Pendant plusieurs heures consécutives, le chien malade se retire dans son panier ou dans sa niche. Il ne montre aucune disposition à mordre, et il obéit encore, quoiqu'avec lenteur, à la voix qui l'appelle. Il est comme crispé sur lui-même, et sa tête est cachée profondément entre la poitrine et les pattes de devant.

« Bientôt il commence à devenir inquiet ; il cherche une nouvelle place pour se reposer, et ne tarde pas à la quitter pour en chercher une autre ; puis, il retourne son lit, dans lequel il s'agite continuellement, ne pouvant trouver une position qui lui convienne. Du fond de son lit, il jette autour de lui un regard dont l'expression est étrange. Son attitude est *sombre* et suspecte. Il va d'un membre de la famille à l'autre, fixe sur chacun d'eux des yeux résolus, et semble demander à tous alternativement un remède au mal qu'il ressent. »

Le sombre éclat du regard serait, d'après de bons observateurs, le trait saillant du chien enragé. Il ne montre guère de propension à mordre son maître ou les personnes qui l'entourent : il obéit encore ; mais, comme l'ont observé M. Duluc, vétérinaire à Bordeaux, et le professeur Bouley, la queue reste serrée entre les jambes et ne s'agite jamais en signe de joie, comme celle des chiens bien portants.

« S'il est en liberté, il semble à la recherche d'un objet perdu, et fouille tous les coins et recoins de la chambre avec une violente ardeur, qui ne se fixe nulle part. »

Dès qu'il se sent pris de la rage, il ne fuit pas la maison qu'il habite, ainsi qu'on le croit communément. S'il l'a quittée, il ne tarde pas à y revenir. Le pauvre animal demeure au logis, dit M. Sanson, et il succomberait infailliblement, sans avoir donné aucun signe de frénésie, s'il était entièrement soustrait aux influences excitantes ou provocatrices qu'on lui adresse ordinairement, pour juger de son état mental.

Parfois, dans ses courts instants de repos, il est en proie à des hallucinations : tantôt il guette l'insecte qui voltige ; tantôt des fantômes paraissent l'assiéger. S'il est couché, tout à coup il se redresse. « Il regarde autour de lui avec une expression sauvage, happe, comme pour saisir un objet à la portée de sa dent, aboie et se lance, à l'extrémité de sa chaîne, à la rencontre d'un ennemi qui n'existe que dans son imagination. »

Ces premiers symptômes, qui se succèdent toujours régulièrement, d'après M. Youatt, alors que le chien est d'un naturel doux et affectueux, sont tout différents, si au contraire l'animal est naturellement irascible, hargneux et méchant. M. Sanson ajoute : S'il a été dressé pour la défense, s'il n'entretient pas habituellement avec l'homme ces relations affectueuses qui sont propres aux chiens d'appartement, et même à la plupart des chiens de chasse, l'aspect de l'animal enragé devient vraiment terrifiant : ses yeux étincellent comme deux globes de feu, et leur éclat est celui de la férocité. Sa fureur se surexcite presque toujours à la vue d'un autre chien.

Un fait constant est la dépravation de l'appétit. L'animal enragé manifeste un profond dégoût pour sa nourriture habituelle, ou bien il se jette dessus pour l'avaler gloutonnement. L'estomac de ceux qu'on a ouverts après la mort, renfermait presque toujours des morceaux de bois, de cuir, des cordes, des crins, de la paille, du charbon, de la terre, et quelquefois aussi (M. Youatt et M. Hertwig ont signalé ce fait comme entièrement caractéristique), jusqu'à l'urine et autres excréments du chien malade lui-même.

Loin de fournir une bave écumante et coulant en abondance par les commissures des lèvres, l'arrière-bouche du chien enragé devient sèche dans le cours de la maladie. On le voit lécher les murs et les corps froids avec persistance : il éprouve une soif intense, inextinguible, et boit avidement, si déjà la paralysie à laquelle il doit succomber ne s'oppose à ce qu'il puisse avaler un liquide. C'est donc bien à tort qu'on désigne la rage sous le nom d'*hydrophobie*, qui signifie littéralement : horreur de l'eau. Cette répulsion, lorsqu'elle existe, ne s'observe généralement que dans la dernière période du mal. En l'indiquant comme signe caractéristique, bien qu'elle se remarque dans certaines névroses, qui ne sont nullement contagieuses, on propage une erreur funeste et qui peut causer d'irréparables malheurs.

On voit parfois le chien chercher, avec ses pattes,

à *débarrasser* sa gorge, comme si quelque corps dur, tel qu'un os, s'y trouvait engagé. Plus d'un cas, dans lequel on a voulu secourir l'animal, a montré les dangers d'une déplorable méprise.

C'est quand le mal a fait des progrès, quand la paralysie des muscles du gosier a rendu la déglutition de la salive impossible, qu'on voit s'échapper de la bouche une bave filante, ou l'écume formée par le mélange de l'air avec les mucosités que fournit le poumon.

Une diminution notable, et quelquefois même l'abolition de la sensibilité physique s'observent à cette période de la maladie : le chien se jette sur les corps les plus durs ; en cherchant à les mordre, il se brise les dents. On l'a vu, dans certaines expériences, saisir avec la gueule un fer incandescent et ne pas lâcher prise.

Tous les bons observateurs ont signalé les modifications qu'éprouve la voix du chien affecté de la rage. On l'a comparée à la voix du coq : comme pour celle de l'enfant affecté du croup, on ne peut confondre, avec aucun autre son du même genre, son timbre fêlé, voilé, rauque et strident.

Plus caractéristique encore est le hurlement rabique. Presque tous les auteurs lui attribuent une grande valeur, comme signe spécial de la maladie. M. Sanson en a figuré, par une notation musicale, les trois variétés qu'on observe le plus fréquemment. L'animal, lorsqu'il le fait entendre, est le plus ordinairement debout, quelquefois assis, le museau porté en l'air. Ce hurlement se compose de deux modulations, dont la première, la plus basse, est formée par la voix de poitrine, et représente un aboiement parfait; l'autre, la plus haute, appartient à la voix de tète, et constitue un hurlement prolongé, à cinq, six ou huit tons plus élevés que l'aboiement, auquel elle succède tout à coup, brusquement, et d'une manière tout à fait singulière. « Son audition, dût-elle être bornée à une seule fois, produit une impression si nette et si profonde, que personne ne l'a jamais oubliée, l'ayant une fois entendue. »

Dans certains cas, la voix est complètement éteinte; la paralysie des organes qui servent à la produire, survenant au début de la maladie, détermine l'absence de tout cri, de tout aboiement. C'est ce qu'on nomme rage *mue* ou *muette*. Rarement alors l'animal est capable de communiquer, par une morsure, l'infection virulente, ses mâchoires ne pouvant se rapprocher.

A la vue des autres chiens, celui qui est en proie à la rage s'excite au plus haut degré. S'il les poursuit, ils fuient, en général, et ne se défendent pas, fussent-ils d'une taille et d'une vigueur supérieures à la sienne. Ils sont presque tous avertis, par leur merveilleux instinct, par leur flair peut-être, du danger de la lutte. Dès le premier accès, et bien avant que nous puissions le soupçonner, ils découvrent un état maladif qui les tient à l'écart.

Un procès-verbal de l'École vétérinaire de Lyon constate qu'une chienne enragée, mais ne cherchant encore nullement à mordre, étant en folie, vit tous les chiens s'enfuir, au lieu de la rechercher. Elle succomba quelques jours après.

Irascible et prompt à réagir, si peu qu'on le provoque, l'animal enragé se jette avec furie et l'œil flamboyant, sur l'agresseur, ou cherche à broyer sous sa dent tout ce qu'il peut saisir : il reste au contraire indifférent, inoffensif dans sa retraite, avec son expression sombre et navrante, s'il n'est pas provoqué.

Plus les accès de frénésie sont multipliés, plus aussi sont promptes l'invasion et la marche fatale de la paralysie. Quelque épuisé qu'il soit, il est encore féroce et redoutable. « J'ai vu, dit l'auteur du *Meilleur préservatif de la rage*, des chiens ne pouvant se tenir debout, se traîner quelquefois sur leur train de derrière, pour venir mordre avec fureur le bâton qu'on leur présentait à travers les barreaux de leur niche, dans le but de les exciter encore dans ce triste état. Si l'animal est resté libre, il se traîne lentement le long des routes ou des chemins qu'il parcourt, la queue serrée entre les jambes, et sans paraître se préoccuper de ce qui l'entoure. Il a le plus souvent la gueule ouverte, la langue pendante et bleuâtre. » Il cherche un endroit écarté, pour s'y blottir et sommeiller. « Que d'accidents terribles sont résultés de ce déplorable instinct qui porte, en pareille occasion, le passant à jeter une pierre !... Que vous fait, je vous le demande, cet animal inoffensif, au moins en cet instant, pour le provoquer de cette façon ? Et quand même l'intérêt de votre propre conservation ne vous commanderait pas de vous abstenir, pourquoi faire gratuitement du mal à une pauvre bête qui ne rend à l'homme que des services ? »

C'est ordinairement après trois, quatre ou cinq jours de durée au plus de la maladie que les chiens enragés succombent. Quand la vie se prolonge, l'amaigrissement devient extrême ; le poil est rude, rebroussé, la gueule est ouverte, la langue pendante et noire, l'œil vitreux. La pitié, la justice et la prudence vous commandent ou de tuer ces pauvres animaux par un moyen prompt et le moins douloureux possible, ou de les laisser mourir en paix.

Aucun signe absolument caractéristique ne peut faire reconnaître à coup sûr l'existence de la rage : c'est un ensemble de symptômes qui la décèle.

Sur le cadavre du chien, elle ne laisse aucune altération qui, prise isolément, permette de déterminer sa cause, son siége, sa nature, ni même d'affirmer sa réalité. Mais l'examen attentif de tous les organes, l'observation d'un ensemble de phénomènes qui ne se rencontrent guère réunis dans d'autres affections peuvent, surtout si l'on a des renseignements exacts sur l'état de l'animal avant sa mort, autoriser un vétérinaire instruit à se prononcer avec certitude.

II

Les causes de la rage. — Expériences négatives. — Le virus rabique n'est pas toujours inoculé. — Les panacées sont-elles utiles ? — Durée de l'incubation. — Traitement préservatif.

Il n'existe encore que des probabilités sur les vraies causes qui font naître spontanément ce virus chez les carnivores digitigrades des genres *canis* et *felis*.

Trolliet établit, d'après un relevé statistique, que la maladie se voit bien rarement dans les climats très-chauds ou très-froids, qu'elle est, au contraire, commune dans les régions tempérées. Des voyageurs affirment qu'elle est inconnue au-delà des cercles polaires. Peut-être leurs assertions à cet égard ne sont-elles pas mieux fondées que pour la Syrie et l'Égypte.

La privation d'aliments et de boisson ne la détermine pas. Dupuytren, Breschet, Magendie, Bourgelat et d'autres expérimentateurs ont laissé, en diverses saisons, mourir des chiens et des chats de faim et de soif, les forçant ainsi à se dévorer entre eux, sans que la rage se développât chez aucune de ces malheureuses bêtes.

Dans ces nombreuses et cruelles investigations, que l'intérêt de la science, agissant dans un but utile, autorisait seul à tenter, l'affection rabique n'a jamais été non plus produite par l'influence de la colère longtemps provoquée, ni par la saleté la plus dégoutante entretenue à dessein, ni par l'usage d'aliments malsains, corrompus, ou d'eau croupie.

La mort seule mettait un terme à la souffrance des victimes.

L'opinion, qui attribue l'origine du mal à la nonsatisfaction des besoins si énergiques de la reproduction chez les animaux dont nous nous occupons, semble la plus près de la vérité. Elle est admise comme *très-probable* par un grand nombre de médecins et de vétérinaires, entre autres par MM. Bachelet et Froussart, Clot-Bey, Le Cœur, Loreau, Leblanc, Bouley, Sanson; ce dernier reconnaissant « que le développement spontané de la rage est favorisé par tout ce qui exerce, sur le système cérébral des animaux susceptibles de la contracter, une excitation quelconque; les contraintes de toutes sortes paraissent devoir être placées au premier rang. »

Or, quelle excitation, quelle contrainte pourraient être comparées, pour le chien, à celle dont il s'agit?

En 1818, Grœve, médecin allemand, cité par M. Le Cœur, dans ses *Etudes sur la rage* (1856), affirmait que l'affection rabique s'était spontanément produite chez les mâles de la race canine qu'on avait, à plusieurs reprises, empêchés de suivre leurs penchants fortement excités, et que jamais les chiennes n'étaient prises de la rage, à moins qu'elle ne leur fût accidentellement ou expérimentalement communiquée. Cette immunité tiendrait à ce que chez elles l'ardeur est bien moins fréquente, moins irrésistible, et le plus souvent satisfaite.

L'usage habituel des os, comme aliment, serait, d'après le docteur Loreau, en raison du phosphore qu'ils contiennent, un excitant énergique contribuant à rendre plus funeste pour les chiens la non-satisfaction de leurs besoins les plus accentués (1).

Pour M. Loreau, les mâles seuls sont aptes à l'invasion de la rage spontanée. MM. Bachelet et Frous-

(1) C'est du phosphate de chaux qui constitue la substance osseuse.

sart s'associant, d'une manière trop radicale, à cette opinion, conseillent de procéder, par voie générale, à la *neutralisation* de tous les mâles de l'espèce canine.

Dans son livre intéressant, M. Le-Cœur signale un fait qu'il est bon de noter : sur dix cas de rage venus à sa connaissance, deux portent sur des chiens errants, dont le sexe n'a pas été remarqué. Les huit autres cas sur lesquels il a eu des renseignements positifs concernaient des mâles, rigoureusement tenus à la chaîne ou scrupuleusement enfermés, ou gardés à la maison.

M. Sacc, dans une lettre reproduite par le *Bulletin* de la Société protectrice des animaux, et datée de la Suisse, où la rage est très-commune chez les chiens, conclut que son développement spontané n'est provoqué, le plus souvent, que par l'éloignement de leurs femelles. « Tous les cas venus à ma connaissance, dit-il, sont relatifs à des chiens de basse-cour, tenus constamment à la chaîne. »

Un médecin italien, Augustino Capello, soutient que la maladie n'est contagieuse, c'est-à-dire transmissible, qu'autant qu'elle est née spontanément ; et cela n'a lieu, dit-il, que pour les mâles. Ainsi, les sujets qui l'ont contractée par suite de l'inoculation du virus, ne sont pas aptes à la communiquer. La morsure des chiennes serait par conséquent exempte de danger, à cet égard.

Sans partager entièrement cette dernière opinion, qui n'est basée que sur l'observation de neuf cas, M. Le-Cœur pense qu'elle mérite d'être sérieusement examinée. Ce qui paraît bien certain, c'est que la rage spontanée est infiniment plus contagieuse que celle qui s'est développée par suite de transmission.

Fort heureusement, les morsures faites par des chiens malades ne sont pas toutes suivies d'accidents rabiques. On peut s'en convaincre d'après un grand nombre d'observations faites avec tout le soin et le talent désirables, en plusieurs circonstances, et notamment dans la période de 1827 à 1837, par M. Renault. Deux cent quarante-quatre de ces animaux, mordus par des chiens enragés ou regardés comme tels, ont été surveillés pendant plus de deux mois, à l'École vétérinaire d'Alfort, sans subir aucun traitement. Soixante-quatorze, ou le tiers seulement, ont eu la rage; les cent trente autres n'ont rien éprouvé.

Diverses circonstances, telles que la présence des poils, celle des vêtements chez l'homme, peuvent, en essuyant la dent, empêcher la salive et le mucus des bronches, qui sont le véhicule du virus rabique, de pénétrer l'économie. Dans le cas même où l'introduction de ce virus a été produite expérimentalement, la contagion n'a eu lieu que dans les trois quarts des cas. M. Renault a relaté, dans un rapport fait à l'Académie de médecine, en 1852, le résultat de quatre-vingt-dix-neuf inoculations pratiquées sous ses yeux sur divers animaux, dans les conditions les plus propres à favoriser l'absorption virulente. Soixante-sept seulement ont communiqué la rage. Le professeur Hertwig, de Berlin, a inoculé ou fait mordre, en sa présence, vingt-cinq chiens : il n'a constaté la maladie que sur dix de ces animaux. La proportion est à peu près la même pour les expériences pratiquées à l'École vétérinaire de Lyon.

Il faut en conclure, avec M. Sanson et les autres bons observateurs, que les deux tiers des individus mordus par des chiens enragés, ou supposés tels, ne contractent pas la rage. C'est là ce qui explique le succès des panacées prônées par leurs possesseurs. Elles seraient sans inconvénient et même utiles, en calmant la terreur du malade, et le rendant par là moins apte à subir la contagion, si elles ne l'empêchaient, le plus souvent, de recourir au véritable moyen préservatif, une prompte et énergique cautérisation.

On pense que l'état d'exaspération de l'animal enragé peut influer sur la rapidité plus ou moins grande avec laquelle se développera l'empoisonnement rabique sur ses victimes, et peut-être aussi sur la probabilité de sa transmission.

La durée de l'incubation du mal peut être fort longue. Le docteur Boudin, auteur d'un mémoire sur la rage, *au point de vue de l'hygiène publique et de la police sanitaire*, mémoire lu, le 4 novembre 1861, à l'Académie de médecine, la porte, comme MM. William Youatt et Renault, à sept mois au plus. Selon d'autres auteurs, cette période peut se prolonger pendant de longues années, de sorte qu'il est prudent de considérer, comme *à jamais suspect*, le chien qui, ayant été mordu, n'a pas été convenablement cautérisé, peu de temps après l'accident.

« On ignore encore, dit M. Vernois, si un chien inoculé de la rage, et procréant des chiens, pendant la période d'incubation, est apte à en transmettre les germes et le principe, soit à la chienne directement, soit, d'une façon plus éloignée, à ses petits par hérédité... Si le fait était démontré vrai, il y aurait alors non-seulement urgence d'abattre tout chien ou toute chienne mordus par un animal enragé ou soupçonné de l'être, mais même toute bête mordue par un chien *inconnu*, et sur les antécédents duquel on pourrait être dans le doute. Il faudrait également détruire tous les petits d'une chienne mordue par un animal dont on n'aurait pu retrouver la trace. »

Toutes les fois qu'on pourra secourir promptement un chien ayant reçu des blessures suspectes, on devra laver ses plaies avec de l'urine, si l'eau manque, les faire saigner, appliquer un lien fortement serré au-dessus de la région mordue, puis pratiquer au plus tôt une cautérisation avec le chlorure d'antimoine. Au besoin, on pourra la faire, quoique d'une manière moins sûre, avec les caustiques minéraux, le perchlorure de fer et même avec un fer rougi aufeu (1).

Cette opération, qui a pour but de détruire, sur place, le virus avant qu'il soit absorbé, serait probablement inefficace, si plus d'un quart d'heure s'était écoulé depuis l'accident. Dans ce cas, il faudrait se résigner à l'opinion nettement formulée par M. Sanson. « Le seul conseil, dit-il, qu'un vétérinaire instruit et consciencieux puisse donner, en

(1) La difficulté d'avoir un fer convenable, rougi à point et de le faire pénétrer au fond de la plaie, doit faire préférer le chlorure ou beurre d'antimoine qn'on trouve dans la moindre pharmacie.

cette occurrence, c'est de sacrifier immédiatement le pauvre animal, quoi qu'il en puisse coûter à la sensibilité bien naturelle de son maître. Ce sacrifice seul peut détruire une cause permanente d'angoisse, à laquelle l'explosion toujours probable de la rage, chez un pareil chien, doit nécessairement donner lieu. »

III

Les mesures de police. — La muselière inefficace et dangereuse.—La rage est rare en Orient.— Les loups enragés. — Le massacre des chiens.

Tandis qu'aucune réglementation particulière, ayant pour but de prévenir cette affreuse maladie, n'est en vigueur dans vingt-quatre départements(1), dans les soixante-quatre autres, l'administration publique enjoint aux propriétaires de chiens de les mener en laisse et muselés, ou de les séquestrer au logis, ou de les tenir à la chaîne. Elle prescrit l'empoisonnement ou l'abattage immédiat de tout chien errant.

Ces mesures non-seulement sont impuissantes et cruelles, mais encore nuisibles. Elles sont ordonnées surtout pour les mois les plus chauds de l'année, juin, juillet et août : mais, la statistique établit, avec le dernier compte-rendu de l'École vétérinaire de Lyon, publié par M. Rey, et les observations faites à l'établissement spécial de M. Bourrel, à Paris,

(1) Ain, Allier, Ardennes, Cantal, Charente, Corrèze, Creuse, Gers, Haute-Marne, Indre, Indre-et-Loire, Isère, Landes, Loiret, Lot-et-Garonne, Maine-et-Loire, Meuse, Moselle, Seine-Inférieure, Tarn, Vendée, Vienne, Vosges, Yonne.

que c'est pendant les mois tempérés, et principalement pendant ceux où l'humidité se fait le plus sentir, tels que février et novembre, que les accidents rabiques sont les plus nombreux. Il faudrait, à ce compte, pour que la prescription fût efficace, dit M. Le-Cœur, que ces arrêtés fussent en vigueur toute l'année. C'est aussi ce que demande M. Boudin. Selon ce médecin, le musellement des chiens ne devrait jamais être suspendu.

Mais, telle n'est pas l'opinion de la Société de médecine d'Alger, qui, tout en reconnaissant que l'affection virulente peut se développer spontanément, dans toutes les conditions bonnes ou mauvaises d'âge, de race, de bien-être ou de misère, de domesticité ou de vagabondage, déclare toutefois que les chiens de chasse et ceux de petite race y sont particulièrement sujets ; que la domesticité et toutes ses exigences peuvent être regardées comme des causes prédisposantes de la rage spontanée. Elle réclame, en conséquence, la liberté de circulation pour les chiens porteurs d'une marque obligatoire, l'abolition de la chaîne et de la muselière.

Le docteur Vernois, qui a rapporté, dans son *Etude sur la prophylaxie administrative de la rage*, les arrêtés et ordonnances de police, et qui en a savamment apprécié les résultats, dans une impartiale analyse, arrive aux conclusions suivantes : « La mise en vigueur des mesures n'a pas, sur le développement de la rage, les résultats pratiques que l'autorité espérait en retirer... La rage est moins fréquente là où il n'y a pas de prescriptions répressives. »

Il s'élève avec raison contre « la mise des chiens en muselière » parce que, dit-il, elle ne peut empêcher le développement de la rage spontanée. Tel qu'il existe, cet appareil est impuissant à préserver l'homme ou les animaux des morsures d'un chien qu'excite un accès de fureur rabique. Même parfaitement disposé, fixé solidement, il ne saurait empêcher cet animal de mordre, parce qu'il serait infailliblement brisé. « Dans le plus grand nombre des cas, les morsures faites à l'homme ayant lieu à l'intérieur des habitations, la prescription de la muselière à l'extérieur ne semble pas justifiée ; car il y a moins de cas de rage dans les départements où cette mesure n'est pas adoptée. »

Cet appareil de protection est loin certainement d'offrir la sécurité qu'on en attend, s'il est vrai, comme le docteur Boudin l'affirme, que l'expérience a démontré la fréquence des morsures faites par des chiens muselés (vingt fois sur deux cent cinquante-six). Il y aurait lieu, si l'on devait le conserver, d'en modifier le mode d'application.

Mais la gène en sera-t-elle moins grande pour le libre exercice de la respiration de l'animal? « Maudite muselière, écrit le secrétaire du Comité consultatif d'hygiène publique, dans un spirituel feuilleton de l'*Union médicale*, qu'il signe du nom de *Simplice* ; maudite muselière, qui rend mon chien triste et penaud. S'il pouvait parler, il dirait : M. le préfet, ce n'est pas physiologique, ce que vous ordonnez-là. Dans mon organisation de chien, il n'y a d'autres glandes sudorifiques que celles que la nature m'a placées dans la langue. C'est par là que s'opère chez moi cette grande et très-importante fonction de la transpiration, indispensable à tout être organisé. Dans les plus grandes chaleurs, après les plus longues fatigues, touchez ma peau, elle est toujours sèche : voyez ma langue, ce sont des ruisseaux de sérosité qui en découlent. Or, que fait votre muselière? Elle arrête au passage cette excrétion abondante dont mon organisation a besoin de se débarrasser : elle la refoule au dedans ; elle va corrompre mon sang et mes humeurs ; elle va précisément me donner cette maladie terrible dont vous voulez éviter la propagation, et dont pourront être victimes ceux-là mêmes qui me soignent, qui m'aiment et qui me caressent (1). Car, demandez-le au Conseil de salubrité qui fonctionne auprès de vous, il vous dira que sur dix cas de rage déclarée, neuf proviennent de chiens gardés dans l'intérieur des maisons. Les veneurs des princes et des grands seigneurs qui peuvent entretenir des meutes, assurent que la rage est très-rare. Pourquoi? C'est qu'il n'y a là ni muselière ni entrave à aucune exonération naturelle... Ma conclusion de chien est que la muselière n'a jamais empêché le mal, et qu'elle peut le produire. »

Un des rédacteurs de la *Chronique parisienne du Messager* écrivait, à ce sujet, en 1860 :

« Nous avons une amie qui possède deux petits

(1) Il n'est pas exact de dire que le chien ne transpire pas. Sa peau produit, comme celle des autres animaux, de la sueur, mais en très-faible quantité.

bichons de la Havane, chiens au nez court, que la muselière rend aux trois quarts enragés ! Quoi, toute l'année ce supplice de la compression nasale qui fait déclarer plus d'accidents qu'il n'en prévient !... Nous voudrions, pour ces pauvres animaux, le rappel de cette mesure de sûreté générale, et le retour à une réglementation plus tolérante (1). »

« Depuis quelques jours, m'écrivait, le 20 mai 1862, mon ami, M. Oscar Honoré, *Love* ne mange pas, ne boit pas et se cache sous le lit de son maître. Effrayé de ce jeûne austère, de cette tristesse obstinée, je viens de lui ôter la muselière. Aussitôt il a donné les signes de la plus vive allégresse, et le voilà guéri de ce qu'on pouvait prendre pour un commencement de rage. Mon voisin a un chien de quelques mois qui était l'amabilité même : aujourd'hui il écume. Pourquoi? Le vent de la répression souffle depuis hier dans Seine-et-Oise, on a mis une muselière au pauvre animal ; mais force a été de la lui retirer un moment après. Alors il a fallu l'enfermer. Il aboie depuis seize heures. *Il aboie la mort*, comme disent les paysans. Plus je vois de près les effets de la muselière, plus je me demande si la maladie qu'on veut prévenir ne va pas faire d'effrayants progrès. »

(1) M. Bazet, ancien interne des hôpitaux de Paris, a trouvé le moyen d'atténuer un peu les inconvénients de la muselière. Celle pour laquelle il a reçu de la Société protectrice une médaille de bronze offre les conditions de sécurité que l'administration prévoyante exige, tout en permettant au chien, grâce à l'élasticité de son tissu, d'ouvrir la gueule et de haleter librement. Sans courroie, elle s'attache avec facilité, tient assez bien en place, et coûte peu. Celle de M. Charrière, de Lauzanne, vaut mieux encore.

Ces mesures de police appliquées à la race canine sont complétement illusoires pour une double raison : parce qu'on ne musellera jamais les chiens dans l'intérieur du logis, où les chances d'accidents sont bien plus grandes que sur la voie publique ; parce qu'aussi l'animal dangereux trouvera toujours le moyen de se débarrasser de l'appareil le plus solide. « Comment croire, dit M. Meunier, auteur des *Plaintes d'un muselé*, que des morceaux de cuir, de ruban, voire même de caoutchouc, puissent empêcher un chien de mordre? Ces liens, qui simulent l'emprisonnement de sa gueule, offriraient-ils dans un cas de rage véritable la moindre garantie? »

Mais voici le meilleur argument qu'on puisse invoquer contre une mesure réprouvée par l'opinion publique, et qui depuis quelques mois est prescrite avec une rigueur motivée par une communication que M. Renault a faite, le 21 avril dernier, à l'Académie des sciences.

Le savant inspecteur-général des écoles vétérinaires y a produit des documents statistiques fournis par les professeurs Muller et Gurlt, tendant à établir que l'application rigoureuse de la muselière avait fait disparaître la rage dans la capitale de la Prusse. Dans une période de neuf années, de 1845 à 1853, deux cent soixante dix-huit cas avaient été observés à l'école vétérinaire de Berlin, tandis que depuis le musellement, on aurait constaté seulement six cas, de 1854 à 1856, et que depuis lors, jusqu'à la fin de 1861, aucun accident rabique ne se serait déclaré. Mais, des renseignements plus récents et fort authentiques contredisent ces assertions. On sait que les chiens ne sont muselés ni dans les établissements publics, ni dans les voitures, ni dans les faubourgs de la ville. En outre, il est avéré que le jour où la police a rendu le musellement rigoureusement et partout obligatoire, on a constaté plusieurs cas de rage à Berlin.

Rien ne prouve mieux l'avantage de la liberté, comme moyen préservatif de la rage, que la rareté de cette affection dans les pays musulmans, en Turquie, en Syrie, en Egypte, où tous les chiens sont vagabonds et sans maîtres. Les cas sont moins rares chez ceux de ces animaux qui appartiennent à des Européens : maintenus presque constamment à l'attache et ne pouvant communiquer avec des chiennes, ils ont contracté la rage en Egypte. Hamont qui, pendant quatorze ans, a dirigé l'École vétérinaire d'Abou-Zabel, et qui fut, dès l'origine de notre Société protectrice (1845), son secrétaire général, a constaté ces faits importants. Ils prouvent que ce n'est pas le climat qui préserve la race canine.

« Les chiens errants, dit le docteur Clot-Bey, qui a, pendant plus de vingt-cinq ans, habité l'Égypte, y sont en très-grand nombre, tant dans les villes que dans les campagnes. Bien que considérés par les musulmans comme animaux immondes, on ne les détruit pas. Une sorte de charité publique pourvoit même, jusqu'à un certain point, à leur nourriture, toujours peu abondante, quoiqu'accrue par la pâture que leur offrent les cadavres des animaux morts. »

Sous ce brûlant climat, les chiens toujours haletants et souvent privés d'eau, semblent placés dans des conditions on ne peut plus favorables pour le développement de la rage. On n'en cite pourtant que des exemples excessivement rares. « Pour mon compte, ajoute-t-il, je n'en ai pas vu un seul... » M. Clot-Bey trouve l'explication de ce privilége pour les chiens de l'Orient, dans leurs *mœurs*, dans la liberté qu'ils ont de former des familles, d'obéir, en toute licence, à tous leurs instincts (1).

Dans un mémoire plein d'intérêt et publié en 1852 sur l'hygiène de Constantinople, le docteur Beyran, chirurgien en chef de Sidi-Kouli, attribue aussi l'immunité dont jouissent ces animaux à l'état de vagabondage qui leur permet le libre exercice de leurs besoins et de leurs désirs.

Il en est de même dans toute la Turquie, où les chiens affamés vivent de chair en putréfaction.

On lit dans les *Mémoires de chirurgie militaire*, du célèbre Larrey, qu'en Egypte, « où ces animaux sont très-communs, ils errent dans les campgnes, pendant la nuit, pour y chercher les cadavres qu'on a négligé d'enterrer, » et ils ne sont pas affectés de la rage.

Le docteur Fauvel, qui dans ses fonctions de médecin sanitaire, en Égypte, a pu facilement obser-

(1) La rareté des cas de rage observés sur le chat, tiendrait, d'après plusieurs auteurs, à la liberté qu'il a su conserver dans nos demeures. Rarement on le tient complétement séquestré. « Si bien gardé qu'il soit, il trouve toujours le moyen de faire quelque escapade. Les ténèbres et les gouttières protégent ses amours. »

ver les mêmes faits, les a rappelés dans une discussion récente, au sein de la Société médicale des hôpitaux. Une réflexion qu'on se fait tout naturellement, dit-il, c'est que si l'un de ces chiens errants et vivant dans une promiscuité sans limite devenait enragé spontanément, il devrait infecter tous les autres en les mordant.

On a objecté, il est vrai, que les loups qui vivent à l'état sauvage et sans entraves, ne sont pas exempts de la rage. M. Guérard a rappelé qu'il y a plus de trente ans, une thèse relatait un triste événement arrivé dans le département de l'Yonne : plus de quatre-vingts personnes y avaient été mordues par un loup enragé, et beaucoup avaient succombé à la maladie. Un fait communiqué par le docteur Michel, de Solliès, à M. Camescasse, médecin sanitaire en Turquie, n'est pas moins épouvantable : un loup malade ayant mordu quarante-sept personnes, quarante-cinq sont mortes dans les accès de la rage.

Mais il est facile de comprendre que, bien qu'à l'état libre, les animaux ne sont pas pour cela complétement à l'abri ni de la rage transmise, ni de la rage spontanée. Ne sait-on pas qu'au temps des amours, les plus faibles sont presque toujours écartés et supplantés par les plus forts ; et que les loups traqués, poursuivis, peuvent rester longtemps séparés de leurs femelles (1)?

Quant à l'empoisonnement, la strangulation ou

(1) D'après le docteur Andry, c'est pendant les mois de mars et d'avril, qu'il y a le plus de loups enragés.

l'abattage des chiens errants, c'est, ainsi que l'a fort bien dit M. A. de Lavalette, une mesure digne des temps et des pays barbares : elle n'est plus de notre époque, et répugne à notre civilisation. « Qui de nous, dit-il, n'a pas vu de ces pauvres animaux se débattre et se tordre dans les douleurs de l'agonie ? Ce spectacle, qui souvent attire des curieux, n'est certes pas moral. Il produit sur notre âme des impressions fâcheuses ; il développe chez les enfants l'instinct de la cruauté... On s'habitue malheureusement au sang et à la douleur. »

Le docteur Toussaint-Martin, médecin de l'hôpital civil d'Alger, rapporte que dans toutes les grandes villes de l'Espagne et notamment à Séville, à Cordoue, à Cadix, on cache du moins ce hideux spectacle. On fait sortir la nuit, des prisons, certains condamnés qui, sous la direction de quelques agents de la sûreté publique, et sans que l'on en soit jamais prévenu, vont assommant par les rues tous les chiens qu'ils rencontrent, chiens considérés, à l'heure où se fait cette expédition, comme n'ayant pas de maîtres. Ce massacre nocturne, la Société médicale d'Alger conseille de l'imiter. Mais, dans bien des cas, il arriverait que des bêtes de prix et tout à fait inoffensives seraient abattues. Malgré la plus attentive surveillance, elles peuvent s'échapper et vaguer sur la voie publique. En les traitant comme les chiens abandonnés ou dangereux, on porterait une grave atteinte au droit de propriété ; souvent on blesserait le sentiment d'une juste affection.

A Lima, c'est pendant le jour, que se fait le massacre des chiens errants. Dans une tournée bi-mensuelle, l'*aguador* (porteur d'eau) recueille tous les animaux de l'espèce canine qui se promènent dans la rue. Il les enchaîne et les conduit sur la *plaza mayor*, au pied de la fontaine monumentale qui en décore le centre. Il expédie à l'intendance de police tous ceux qui ont le bonheur d'avoir un collier où est inscrit le nom du maître, et il détruit les autres. L'œuvre d'extermination a lieu en plein soleil, sous les yeux ravis d'une populace immonde, qui aide officieusement l'exécuteur. Son bâton est l'instrument du supplice. Voici le hideux : plus les victimes hurlent, plus les bourreaux se délectent. L'odeur du sang enivre l'*aguador*, elle le jette dans un sorte de délire ; à mesure que ce délire augmente, les coups sont plus vigoureux et plus rapides ; chaque cervelle qui vole excite des cris de joie, de frénétiques hourras. Les honnêtes gens, que leurs affaires amènent aux environs du champ de carnage, se bouchent les oreilles et s'éloignent, afin d'échapper aux atteintes du vertige funèbre. « C'est, dit M. d'Abbadie qui rapporte ce fait dans ses *Récits et types américains*, le cas de répéter avec Hamlet : Horrible ! horrible ! »

IV

La taxe canine. — La Société protectrice à la Chambre des députés. — Dépense alimentaire des chiens. — L'impôt n'a pas atteint son but. — Les chiens perdus.

Il est heureusement un moyen moins sauvage pour arriver à diminuer le nombre exubérant de ces animaux. C'est de donner à chaque individu de la race canine un maître qui, payant pour lui l'impôt, aura par conséquent intérêt à ne pas multiplier sans nécessité la matière imposable.

On doit à M. de Rémilly la première proposition faite à la Chambre des députés relativement à la taxe sur les chiens. Produite en 1844, renouvelée en 1845, 46, 47, et gagnant chaque année de nouveaux adhérents, la proposition fut reprise en 1850, et enfin, en 1855, sanctionnée par un vote qui la convertit en projet de loi (1).

La Société protectrice des animaux avait appuyé les premiers efforts de M. de Rémilly : elle crut devoir intervenir de nouveau directement.

Le 1er février 1855, une commission composée de MM. Delattre, Hervieux, Leblanc, Massot, Camille Paganel, Richelot, Saillet et Blatin (*rapporteur*), rédigea et remit, au nom de la Société, *Quelques considérations adressées à la Chambre des députés, sur le projet de loi relatif à l'impôt sur la race canine*. Elles trouvent naturellement leur place ici, car elles énoncent les motifs qui nous ont déterminés à solliciter une mesure qui semble, au premier abord, contraire à nos principes (2).

Messieurs les Députés,

« La Société protectrice des animaux ne peut rester indif-

(1) Les savants auteurs d'une monographie sur la rage, publiée dans le *Dictionnaire des sciences médicales*, MM. Villermé et Trolliet, réclamaient déjà l'impôt sur la race canine, en 1820.

(2) Mon honoré compatriote, M. Léon de Chazelles, député du Puy-de-Dôme, fut, en cette circonstance, notre bienveillant intermédiaire.

férente à la question relative à l'impôt sur les chiens, dont la Chambre législative s'occupe en ce moment.

« Considérée au point de vue de l'hygiène, de l'économie sociale, de la sécurité publique, l'application d'une taxe légale à la race canine ne doit rencontrer aucune objection sérieuse. A d'autres points de vue, notre Société la considère comme la mesure la plus efficace pour l'amélioration du sort des animaux qu'elle protége.

« Nous croyons accomplir un devoir, en vous témoignant nos sympathies pour un projet dont l'effet assuré sera de restreindre la multiplication presque illimitée des chiens, et en vous affirmant que l'opinion publique accueillera favorablement cet impôt, qui ne privera point, nous en avons la conviction, l'infirme, le malheureux, de son ami fidèle, de son guide vigilant, de son auxiliaire indispensable.

« En 1847, la Chambre des députés discutait le projet de loi présenté par l'honorable M. de Rémilly. Dans cette occasion, comme cela se voit trop souvent en France, les bons mots, les plaisanteries sont venus prendre la place des considérations sérieuses que la question aurait dû faire naître. Sur 240 votants, 120 voix furent acquises à la proposition ; 120 lui furent opposées. Combattue faiblement par M. Léon de Malleville et par M. Maurat-Ballange, soutenue au contraire avec la gravité qu'elle méritait, par M. Vivien, elle a malheureusement échoué, divisant la Chambre en deux parties égales.

« Notre Société, qui ne comptait alors que deux années d'existence, faible encore, mais animée, comme aujourd'hui, d'un zèle ardent pour tout ce qui touche au bien-être des animaux, avait porté ses vœux à nos législateurs. Depuis cette époque, elle n'a cessé d'étudier la question; et, par cette étude, elle s'est affermie dans la conviction que la taxe est nécessaire, qu'elle est juste, et d'une application facile.

« Si l'exemple des autres pays qui l'ont adoptée, et qui s'en trouvent bien, peut être utilement invoqué, nous citerons l'Angleterre, la Belgique, la Bavière, la Saxe, le Wurtemberg, les grands-duchés de Bade, de Brunswick, de Mecklembourg, de Saxe-Meinengen, la Suisse, les deux Hesse, le Waldeck, les villes libres de Francfort, de Hambourg, de Brême, etc.

« En France, cette mesure est réclamée avec instance par le plus grand nombre des conseils généraux : le Conseil général d'agriculture en a reconnu l'utilité. La Chambre des pairs, en 1847, avait aussi témoigné de son intérêt pour la même question, en prononçant le double renvoi d'une pétition, à ce sujet, à leurs Excellences les ministres des Finances et de l'Intérieur.

« Des chiens le plus souvent inutiles (avait dit la commission) consomment un pain précieux, quand les hommes en manquent. Ils entretiennent l'insalubrité au sein des pauvres ménages : ces inconvénients, bien d'autres encore, et surtout le mal effrayant dont cette race porte le germe, et qui fait chaque jour de nouvelles victimes, auraient dû trouver plus soucieux un pays aussi avancé que le nôtre en civilisation.

« Enfin, la direction générale des finances avait déclaré que la taxe purement communale serait avantageuse, et que la perception comme telle ne présenterait aucune difficulté.

« L'instabilité de la statistique appliquée à la race canine ne permet pas d'en évaluer rigoureusement le nombre. On l'estimait, en 1847, à deux ou trois millions pour la France entière, et, pour Paris seulement, à cinquante mille environ. M. de Rémilly évaluait à soixante ou quatre-vingts millions de francs la dépense annuelle occasionnée par la nourriture des chiens. Des statistiques plus récentes portent le nombre de ces animaux à quatre millions, dont l'alimentation journalière, à dix centimes pour chacun, s'élèverait au prix de quatre cent mille francs. Ce serait, au bout de l'année, une somme de cent quarante-six millions dévorés, engloutis, presque en pure perte.

« La Société protectrice, qui a sérieusement observé les conditions de la domesticité de l'espèce canine et les services qu'elle peut rendre à l'homme, reconnaît que les chiens caractérisés par des instincts précis, tels que la chasse, la garde, la vigilance, le sauvetage, perdent en partie, dans les villes, leurs précieuses qualités : leur constitution s'y appauvrit, la race type s'y altère par des croisements sans choix ; leur présence y entretient l'insalubrité, par les émanations d'une malpropreté qui leur est ordinaire, et par les maladies qu'ils contractent, dans l'état de réclusion auquel ils sont habituellement condamnés.

« Dans la campagne, où ils vaguent librement, ils sont une des causes les plus réelles de la destruction du gibier.

« La nécessité de réprimer leur nombre toujours croissant donne aux agents de l'autorité le droit de vie et de mort sur les chiens errants, aux époques où leur présence sur la voie publique devient un véritable danger (1). Quel que soit le

(1) En 1846, dans Paris et le département de la Seine, dix mille chiens errants ont été abattus.

mode de destruction que l'on emploie, l'assommage, la strangulation ou l'empoisonnement, il en résulte souvent des scènes de désordre et le spectacle d'actes barbares, qui impressionnent péniblement les témoins chez lesquels le sentiment de la pitié n'est pas éteint, qui démoralisent les enfants, en les habituant à contempler, comme un jeu, les convulsions de l'agonie d'un pauvre animal.

« Nous ne parlerons pas des accidents nombreux que causent les chiens par leurs aboiements ou leurs morsures. Un danger plus grave, et dont le saisissant intérêt domine la question, c'est la rage; la rage, qui se développe spontanément dans l'espèce canine, qui se communique à plusieurs autres espèces, et trop souvent à l'homme.

« En 1852, M. le ministre de l'Agriculture et du Commerce, justement effrayé par la multiplicité des malheurs parvenus à sa connaissance, a prescrit aux préfets et aux maires de dresser avec soin la statistique et l'histoire des cas de rage observés dans chaque commune. Ces documents doivent être sous vos yeux, messieurs les Députés. Nous n'avons pu les consulter; mais nous avons recueilli, dans les journaux de médecine, dans la presse périodique, et nous avons observé nous-mêmes, depuis cette époque, un grand nombre de faits déplorables causés par ce virus que la bave du chien infiltre dans nos tissus, virus terrible, dont on parvient quelquefois à prévenir l'absorption, mais qui tue *inévitablement*, si le secours n'est pas prompt et énergique, qui tue, après une incubation souvent très-longue, dans les lentes angoisses d'une horrible agonie.

« Oui, messieurs les Députés, la médecine est impuissante ; et, malgré ses nombreuses et dangereuses investigations, elle ne trouvera peut-être jamais, contre ce virus, pas plus que contre d'autres poisons, le remède spécifique. En restreignant la propagation de la race qui crée au milieu de nous ce virus, en donnant à chaque animal un maître qui le soigne, qui veille à ses besoins et cherche à l'améliorer, comme une propriété imposable à laquelle il s'attache, vous diminuerez les chances du développement de la rage et de son inoculation.

« En résumé, la taxe ne blesse aucun intérêt; elle réduit, au profit de tous, une énorme dépense ; elle ramène à son type primitif une race utile ; elle tend à sauvegarder l'homme et les animaux contre un mal terrible ; elle diminue notablement les causes d'insalubrité ; elle concourt efficacement au bien-être de l'espèce canine.

« Par ces diverses considérations, messieurs les Députés, la Société protectrice appelle de tous ses vœux, sur le projet de loi qui vous est soumis, la sanction législative. »

Dans son remarquable rapport à la Chambre, le docteur Lélut porte à trois millions seulement le nombre des chiens existant alors (1). Il n'évalue, en moyenne, le prix journalier de leur nourriture qu'à 7 ou 8 centimes. Ils mangent, dit-il, ou plutôt ils dévorent pour près de 80 millions par an. D'après M. Lavallée (*Encyclopédie de l'agriculteur*), la dépense quotidienne de chaque animal serait plus onéreuse. La nourriture d'un chien de forte taille, dit-il, est d'un kilogramme de substance alimentaire (2).

Je trouve dans le mémoire de M. Boudin des chiffres qu'il me serait difficile de contrôler. On peut, selon ce médecin, évaluer le nombre des animaux de la race canine, en Europe, à plus de douze millions, et le prix annuel de leur alimentation à plus d'un demi-milliard (3).

Si la taxe réduisait de moitié le nombre de ces

(1) La destruction de ces animaux, à la suite de la promulgation de la loi qui les taxe, a donné lieu, dans beaucoup de localités, à des scènes d'affreux carnage. Il serait difficile de connaître le chiffre des victimes; mais il est tel qu'une industrie nouvelle, utilisant leur dépouille, a surgi depuis lors. C'est le commerce des gants de peau de chien.

(2) Il y a, selon lui, en France, un chien sur 18 habitants. Des statistiques plus récentes donnent, pour tout l'Empire, 1 chien sur 1041 habitants, et pour Paris, grand centre de population, 1 chien sur 106.

(3) On a calculé qu'en Autriche, il existe près d'un million et demi de chiens de luxe, dont la nourriture coûte annuellement trois millions de florins.

consommateurs, ce seraient, pour la France seulement, d'après le rapport à la Chambre, trente à quarante millions rendus à l'alimentation générale de l'homme.

Tout en produisant cette économie, et portant plus spécialement sur les chiens de luxe, l'impôt a l'avantage d'accroître un peu les ressources si modiques des communes. Dès la première année, il a produit plus de cinq millions de francs, somme presque égale à l'intérêt de la dette des trente-sept mille communes de la France, à cette époque. Il figure au budget de la ville de Paris pour plus de quatre cent mille francs. (*Rapport du préfet de la Seine*, 1862.)

Mais le côté véritablement intéressant de la question, nous l'avons déjà dit, c'est la diminution proportionnelle des cas de rage, par la réduction de l'espèce animale d'où nous vient le plus souvent le danger. «Vous ne reconnaîtrez pas plus que nous, aux chiens et à leurs propriétaires, avait dit l'honorable docteur Lélut, le droit d'infliger cette affreuse maladie, ce genre de mort contre nature, à une portion quelque restreinte qu'elle soit de l'espèce humaine.»

La disparition de la moitié de ces animaux et de leur moitié la plus abandonnée, la plus mauvaise, n'aurait-elle pour résultat que de diminuer annuellement de vingt ou trente le nombre des malheureuses victimes de la rage canine, que nous regarderions, avec le savant rapporteur, cette mesure comme parfaitement justifiée (1).

(1) Dans les Etats du roi de Prusse, il est mort, dans une pé-

Tel ne serait pas jusqu'ici le résultat obtenu, si quelque cause d'erreur ne donne pas aux chiffres une signification trompeuse.

A Turin, l'Académie royale de médecine, consultée par l'autorité locale, a bien établi l'inanité des mesures coërcitives, telles qu'on les applique, et, à cette occasion, il s'est produit cette opinion discutable, que, depuis l'impôt établi sur la race canine, un sensible accroissement des cas de rage se serait montré. Pour la France, ce n'est pas le nombre total, mais le chiffre proportionnel des accidents qui paraît être supérieur à ce qu'il était avant la taxe, si l'on consulte les documents qui sont transmis par le ministère de l'Agriculture au Comité consultatif d'hygiène publique. Le dépouillement et l'analyse en sont chaque année faits par le docteur A. Tardieu, dont on connaît le judicieux esprit et le talent.

Voici, pour une période de trois ans, le résultat de cette enquête.

Avant l'impôt :		Après l'impôt :	
1853	37 cas de rage........................	1856	20 cas.
1854	21..	1857	13
1855	21..	1858	17

Tout en reconnaissant que l'abaissement du chiffre est bien peu sensible, et nullement en rapport avec ce que l'on devrait espérer de la diminution du

riode de six années, 694 individus de cette maladie. (*Lettre de M. Hugo*, vétérinaire militaire, à M. Bernis, 1858.)

Pendant l'année 1851-52, à Hambourg, on a noté, dans un très-court espace de temps, 267 cas de rage spontanée ou communiquée, chez le chien. (*Mémoire de M. Germet, cité par M. Boudin.*)

nombre des chiens, si la taxe l'avait produit d'une manière appréciable (1), je crois qu'on ne doit pas accorder, en cette circonstance, à la statistique, une confiance sans réserve. Avant 1850, il n'était fait aucune enquête officielle. On doit à M. Dumas, alors ministre de l'Agriculture et du Commerce, l'excellente idée de demander aux préfets des documents sur les cas de rage observés dans leurs départements respectifs. Mais, faute de renseignements précis, ou ne comprenant pas toute l'importance de cette enquête, le plus grand nombre de ces administrateurs a gardé le silence. Pour l'année 1853, par exemple, sept préfets seulement ont signalé, dans leurs rapports, des accidents rabiques; d'autres ont répondu qu'il ne s'en était produit aucun, à leur connaissance; soixante-dix-huit n'ont point fait de réponse aux questions du ministre.

Lorsqu'on se borne à recueillir les faits de transmission de la rage à l'homme, la rareté de l'événement, les symptômes effrayants de la maladie et sa terminaison fatale éveillent si vivement, si douloureusement l'attention et la pitié, qu'on ne peut ni les ignorer, ni les méconnaître. Il n'en est pas de même de la rage chez le chien. Il peut périr chez son maître, ou s'enfuir pour aller expirer loin du logis, sans que la nature du mal puisse être constatée. Et, par contre aussi, beaucoup de ces animaux qu'on a

(1) De 1856 à 1857, première année de l'établissement de l'impôt sur la race canine, le nombre des chiens s'est réduit de 39,238; dès la troisième année, il était remonté de telle sorte que la diminution n'était plus que de 2,845 pour toute la France.

tués comme ayant la rage n'en étaient pas affectés.

Dans une lettre adressée, le 11 mars 1860, à la Société protectrice, M. Armand Durantin, avocat à la Cour impériale de Paris, signale avec raison « le mode abominable » de transport de ces animaux dans les wagons de chemins de fer, comme donnant lieu souvent à des scènes regrettables d'inhumanité, de panique et de mort violente pour ces malheureuses bêtes. Les wagons reçoivent et rendent les voyageurs à des stations différentes : or, qu'arrive-t-il ? Un voyageur descend, il réclame son chien ; on est pressé, on se trompe de cabanon, on ouvre, et le chien d'un autre voyageur, qui va plus loin, s'élance dans la campagne. Le temps manque pour le rattraper : ce n'est qu'un chien perdu, disent les employés.

« Savez-vous ce qu'il advient de ce chien perdu ? Terrifié par la séparation d'avec son maître, par le bruit de la locomotive, il fuit à travers champs ; errant de village en village, mourant de faim, de soif, poursuivi par les clameurs et les pierres des enfants, il termine sa course désolée sous les coups de bâton d'un paysan ou sous les dents d'une fourche. Ce drame, dont la victime n'est qu'un pauvre animal, n'en est pas moins émouvant, car cet animal sent et souffre comme nous ; ce dénouement, il est forcé, car, au village, on ne redoute rien plus qu'un chien *enragé*... »

Ne pouvant donner ici qu'un extrait de cette lettre, je réserve les excellents conseils de M. Durantin pour un livre où je consacre un chapitre au transport des animaux par les chemins de fer (1).

V

Les mâles à l'index. — Comment on peut en restreindre le nombre et conserver la race. — Suppression des entraves. — Émoussement des dents.

Si la statistique est peu probante, il ne reste pas moins la conviction, pour le plus grand nombre des observateurs, que l'affection rabique est surtout, sinon exclusivement, produite par la contrainte et la privation rigoureusement imposée aux mâles de la race canine relativement à la reproduction de l'espèce.

Relativement aux moyens de prévenir la maladie, la conséquence pratique de cette opinion est facile à prévoir : elle a déjà, depuis plusieurs années, été formulée nettement par M. Loreau. Partout, dans nos contrées, selon lui, le nombre des femelles est beaucoup moins considérable que celui des chiens. Probablement cette disproportion, dont on n'avait pas prévu le danger, et qui n'existe pas entre les jeunes de l'un et de l'autre sexe, au moment de la naissance, tient à ce que, dans les portées multiples, qui ne sont, presque dans aucun cas, gardées tout entières, on détruit surtout les petites femelles, dont on craint la future fécondité. La proportion d'un tiers de chiens mâles me paraît plus que suffisante pour la propagation de l'espèce ; et,

(1) *Nos cruautés envers les animaux : ce qu'elles coûtent à la fortune publique, à l'hygiène, à la morale.* 1 volume in-8°. (*Sous presse.*)

comme il ne faut guère laisser à une lice, quelque vigoureuse qu'elle soit, plus de trois élèves, il serait facile, sur ce nombre, de faire prédominer celui des femelles, en faisant justement le choix inverse de celui qu'on fait le plus souvent. Sans souhaiter avec divers auteurs que la taxe épargne complètement les chiennes, je m'associe à la seconde proposition de M. Loreau, demandant qu'elles soient beaucoup moins imposées que les chiens.

Telle est la mesure conseillée à l'administration par la Société de médecine d'Alger, en réponse aux questions posées par le maréchal Randon, alors gouverneur général de nos possessions africaines, et dont la sollicitude avait été, en 1858, éveillée par différents cas de rage observés chez l'homme dans l'Algérie. Il fit appel à l'observation et à la science. A cette occasion, plusieurs médecins et vétérinaires distingués fournirent des renseignements curieux sur les connaissances des Arabes touchant cette maladie, qu'on disait à tort inconnue d'eux, avant notre domination ; sur ses causes et sur les moyens les plus efficaces de la prévenir (1).

Ces divers documents, discutés et coordonnés par la Société de médecine, ont été publiés dans un savant mémoire dont voici la troisième et dernière conclusion : augmentation de l'impôt sur les chiens de luxe (chiens de chasse et chiens de petite race) ; abaissement relatif de l'impôt sur la femelle (2).

(1) Les indigènes appellent *chiens fous* tous ceux qui sont atteints de la rage.

(2) « La taxe de première catégorie a été établie pour amener

L'adoption de cette mesure aurait certainement pour effet de diminuer le nombre des mâles, d'améliorer l'espèce, en prévenant, dans beaucoup de cas, les alliances fortuites, mal assorties, et en choisissant pour reproducteurs, des étalons types et de bonne race (1).

Moins turbulentes que les chiens, moins exigeantes dans leurs besoins, qui ne sont accentués qu'à certaines saisons; plus sédentaires aussi, jamais les chiennes ne se laissent entraîner par les séductions auxquelles les mâles résistent difficilement. Elles peuvent donc, sans autant de privations et de danger, être retenues au logis. Elles sont ordinairement douces, obéissantes, et s'attachent à leur maître, plus encore que les mâles. Tandis que dans la rue ceux-ci sont agressifs et se livrent bataille, excités par d'ardentes rivalités, elles ne s'attaquent pas entre elles et ne montrent les dents que pour défendre leurs petits. Laissez-les donc librement sortir, sans les astreindre à la muselière : elles ne causeront point d'accidents sur la voie publique. Leur nombre même et la suppression des entraves sont une garantie contre le développement de la rage sponta-

une réduction dans le nombre des chiens inutiles ou de simple agrément. Les chiens de chasse ont été assimilés aux chiens d'agrément, parce que la chasse est un plaisir qui, malgré tous les obstacles, sera toujours recherché avec passion, au grand détriment de l'agriculture. » (E. Martin, docteur en droit. *Commentaire extrait de la Culture.*)

(1) Dans les campagnes, dit M. Lavallée, on ne rencontre le plus souvent que des races abâtardies.

née (1). Donnez aux mâles devenus moins nombreux la même liberté : les mesures de police tournent précisément à l'encontre du but qu'on se propose. « On sème la précaution, dit M. Le-Cœur, on ne récolte que la rage. » Que chaque animal porte une marque obligatoire; et qu'en l'absence de ce signe protecteur, il soit tenu pour abandonné, pour suspect, et détruit de la manière la moins cruelle et la plus prompte (2). Que l'autorité rende le propriétaire du chien enragé civilement responsable des accidents qu'il pourrait produire. L'article 475 du code pénal contient déjà une disposition formelle

(1) Les exemples de rage sont fréquents dans les provinces de l'ouest et du sud de l'Algérie, où les habitudes de chasse des grands feudataires de ce pays, et certaines coutumes qui leur sont communes avec celles de nos chasseurs de l'Europe, sont encore exagérées par le peu de civilisation de ces patriarches : jaloux à l'excès de leurs juments, de leurs chevaux de chasse ou de guerre, ils le sont encore plus de leurs races de lévriers; et, pour éviter les écarts de la chienne qui tombe en folie, ils la bouclent; ou bien, pour être sûrs de l'espèce qui doit être reproduite, ils pratiquent, à l'aide d'un fer rouge, une opération qui s'oppose à un nouvel accouplement. (*Extrait du rapport de MM. Rancurel, Fabri et Salles, officiers de santé de l'hôpital de Douéra.*)

(2) A Strasbourg, chaque propriétaire est tenu de faire inscrire son chien à la police : au moment de la déclaration, on lui donne un numéro d'ordre. — Chaque chien doit porter un collier sur lequel est gravé ce numéro, avec le nom et l'adresse du maître.

Une voiture couverte, conduite par deux hommes, circule continuellement dans la ville. — L'agent ramasse dans la voiture tous les chiens errants qui n'ont pas de collier ou dont le collier ne porte pas les renseignements exigés. Les chiens sont conduits à une fourrière divisée en trois compartiments. Ils y sont conservés pendant trois jours, en passant successivement et chaque jour, du premier au deuxième et enfin au troisième. — Le soir du dernier jour, s'ils n'ont pas été réclamés, on les abat. — Pen-

à cet égard. Il s'exprime ainsi : § 7. Seront punis d'une amende de six à dix francs inclusivement ceux qui auront laissé divaguer des fous ou des furieux étant sous leur garde, ou des animaux malfaisants ou féroces... Sans préjudice des dommages causés par l'animal, conformément à l'art. 1385 du C. civ. »

Pour prévenir l'inoculation, un vétérinaire instruit et bon observateur, M. Bourrel, propose l'émoussement des dents aiguës et tranchantes du chien. Ce moyen serait certainement très-efficace. Quand l'animal mord, ce sont ses crochets et ses incisives qui, entamant la peau, font pénétrer dans les tissus le virus délétère. Si les pointes de ces dents sont enlevées, la morsure ne produira plus qu'une compression, une contusion, le plus souvent sans déchirure, que la bave rabique pourra couvrir impunément, sans être absorbée. L'opération se pratique en quelques minutes, avec une pince tranchante. Le chien n'en est point incommodé ; sa nutrition s'opère aussi bien après la résection de ces crocs dangereux, qui lui seraient indispensables à l'état sauvage, pour déchirer sa proie, mais qui ne lui sont pas nécessaires, à l'état de domesticité, pour prendre et mâcher suffisamment les aliments qu'on lui donne.

J'ai vu deux chiens opérés depuis plusieurs mois, qui présentaient tous les signes de la vigueur, de la gaîté que donne une bonne nutrition.

La résection des dents a été conseillée, dès l'année

dant les trois jours, le propriétaire peut réclamer son chien, qui lui est rendu contre payement d'une somme de 15 francs.

1782, par le naturaliste Daubenton, dans son *Instruction pour les bergers*, remarquable ouvrage où ce savant a résumé les observations pratiques qu'il avait recueillies, pendant quatorze années, dans la bergerie fondée par ses soins, en Bourgogne, près de la ville de Montbar.

« Il serait à souhaiter, dit-il, que les bergers pussent se passer de chiens, parce que ces animaux font souvent beaucoup de mal aux moutons. » Et il veut, quand ces gardiens sont mal disciplinés, qu'on leur casse les dents canines ou crochets, qui entrent profondément dans la chair des bêtes ovines qu'ils mordent.

Souvent il arrive aux chiens de mutiler le gibier, méfait que certains chasseurs violents punissent cruellement par une blessure ou la mort.

Plus d'une fois, dans ses caressants ébats, la dent aiguë d'un chien a déchiré la peau délicate d'un enfant ou d'une femme, et plus d'une fois aussi, cette plaie inoffensive a porté l'effroi dans une famille.

Il n'est pas un vétérinaire qui n'ait donné des soins, pour de graves morsures, à divers animaux, de même qu'à des chiens qui s'étaient blessés entre eux. L'attaque des plus agressifs, des plus violents, serait bien moins dangereuse, si la pointe de leurs dents était enlevée et limée ; et dans bien des cas, on pourrait se dispenser de faire abattre ces gardiens vigilants.

Cette mesure de précaution me paraît devoir être ajoutée à celles qui ont pour but de restreindre le nombre des animaux de la race canine, et surtout des mâles; à leur assurer des soins bien entendus; à donner à tous une liberté dont la privation peut les rendre malades.

Il est urgent, que la Société protectrice qui, fidèle à sa mission d'améliorer le sort des animaux, dans l'intérêt de l'homme, ne cesse, depuis 1845, de porter ses recherches sur une question intéressant l'humanité tout entière, obtienne de nos Édiles le rapport des ordonnances prescrivant le musellement et la séquestration, qui tendent à l'abâtardissement, à la destruction prochaine de l'espèce animale la plus dévouée ; mesures dangereuses, illusoires, qui préparent la rage au lieu de la prévenir et ne préservent point des dangers de la morsure.

Malgré la rigueur des ordonnances de police, ou plutôt à cause de cette rigueur, les accidents se multiplient. Il est temps d'adopter une règlementation simple, uniforme pour toute la France, et dont les principaux éléments peuvent se résumer ainsi :

1° Émoussement des dents aiguës et tranchantes chez les animaux de la race canine, vers l'âge de dix à douze mois, sauf une exception en faveur des chiens ratiers et de ceux qui sont destinés à la chasse du loup, du renard et du sanglier.

2° Liberté pour les chiens de vaguer sur la voie publique, pendant le jour, ou tout au moins pendant plusieurs heures de la matinée, avec injonction de les tenir enfermés pendant la nuit.

3° Suppression absolue de la muselière, partout ailleurs que dans les wagons et les voitures publiques, où cet appareil convenablement établi pourrait prévenir des morsures, soit pour les hommes, soit pour les chiens entre eux (1).

4° Collier poinçonné par la police et portant le numéro matricule de l'animal, le nom et l'adresse du maître, responsable, dans tous les cas, des inconvénients ou accidents que son chien peut causer.

5° Surtaxe appliquée aux mâles de la race canine.

6° Conservation d'étalons reproducteurs, appartenant soit à l'État, soit à des vétérinaires.

7° Enlèvement, par la police, de tout chien errant, sans collier; l'animal devant être mis en vente au profit des hospices ou de la commune, ou sacrifié, si le troisième jour, il n'a pas été réclamé par son maître acceptant l'amende, ou s'il n'a pas trouvé d'acquéreur.

Ces diverses mesures auraient, je n'en puis douter, l'effet de prévenir ou du moins de rendre excessivement rare le développement spontané de la rage. Ce mal affreux cesserait de faire des victimes, si l'on n'oubliait pas qu'en toute saison il peut naître, et si l'on prenait des précautions, dès qu'un changement dans les allures du chien, dans ses habitudes ou dans sa santé, se manifesterait.

(1) La muselière à ressort que M. Charrière, de Lausanne, a fait bréveter, et dont j'ai vu le modèle, est bien combinée. Elle permet au chien, ainsi que le constate le pasteur Mayor, président de la Société vaudoise pour la protection des animaux, d'ouvrir la gueule, de boire, haleter et respirer librement.

Paris. — De Soye et Bouchet, imprimeurs, 2, place du Panthéon.

www.ingramcontent.com/pod-product-compliance
Ingram Content Group UK Ltd.
Pitfield, Milton Keynes, MK11 3LW, UK
UKHW021948260726
13994UKWH00004B/1620